**Rida Tariq Khan**

# Porquê ir ao hospital?

Rida Tariq Khan

# Porquê ir ao hospital?

ScienciaScripts

**Imprint**



Cover image: www.ingimage.com

This book is a translation from the original published under ISBN 978-3-659-82859-1.

Publisher:
Sciencia Scripts
is a trademark of
Dodo Books Indian Ocean Ltd. and OmniScriptum S.R.L publishing group

120 High Road, East Finchley, London, N2 9ED, United Kingdom
Str. Armeneasca 28/1, office 1, Chisinau MD-2012, Republic of Moldova, Europe
Printed at: see last page
**ISBN: 978-620-8-20269-9**

# AGRADECIMENTOS

Gostaria de agradecer à minha mãe, Sra. Nighat Afza, ao meu pai, Sr. Tariq Ahmad, e ao resto da minha família, que me apoiaram ao longo deste livro; ao meu editor, Sr. Holly Russell, que me apoiou, discutiu assuntos, fez sugestões e ajudou na edição, revisão e conceção. E, por último, mas não menos importante, gostaria de agradecer ao meu noivo Muhammad Junaid por ter tido fé em mim e por me ter encorajado tanto quanto possível.

# RESUMO

Para resolver o problema do aumento dos custos dos cuidados de saúde e da sobrelotação dos hospitais e das instalações de cuidados de saúde, tem sido feita muita investigação sobre a utilização da tecnologia móvel e dos dispositivos sensores para criar melhores sistemas electrónicos de cuidados de saúde. A telemedicina permite o intercâmbio de informações médicas à distância para apoiar os procedimentos médicos, com o objetivo final de melhorar os cuidados de saúde na comunidade.

Este livro descreve a implementação de um sistema deste tipo, um sistema de monitorização eletrónica da saúde (e-health) que utiliza um telemóvel inteligente, um módulo Ethernet e um servidor Web central. O sistema foi desenvolvido utilizando Java na plataforma móvel Android e PHP, HTML/CSS3 e JavaScript para a GUI da Web. Os componentes básicos utilizados são um Ethernet Shield (baseado no chip Ethernet Wiznet W5100), sondas de ECG de 3 derivações, um Arduino Mega 2560 e um OPAMP instrumental AD624/620. Os programas utilizados são Arduino IDE, Proteus, Android Studio e PHP Storm.

O sistema foi testado e cumpriu os requisitos essenciais, com algumas recomendações relativas à degradação da qualidade do sinal devido ao ruído causado pela atividade física intensa. De um modo geral, o sistema funcionou bem e forneceu um bom sistema de alerta, utilizável e útil.

# 1 LISTA DE ABREVIATURAS

ECG > Electrocardiogram.

PHP > PHP: Hypertext Processor.

HTML > Hypertext Mark Up Language.

CSS > Cascading Style Sheet.

API > Application Programming Interface.

PC > Personal Computer.

# 2. INTRODUÇÃO

## 2.1. ANTECEDENTES / MOTIVAÇÃO

De acordo com uma estimativa da Organização Mundial de Saúde (OMS), quase 10,5 milhões de pessoas em todo o mundo morrem todos os anos de doenças cardíacas, acidentes vasculares cerebrais e doenças respiratórias inferiores, com cerca de vinte milhões de pessoas em risco de morte súbita [1]. Algumas destas vidas podem frequentemente ser salvas se forem prestados cuidados de emergência rápidos na chamada hora de ouro.

Por conseguinte, os doentes de alto risco necessitam de uma monitorização frequente do seu estado de saúde, quer se encontrem no interior ou no exterior, de modo a que possa ser iniciado um tratamento de emergência caso surjam problemas. A telemedicina é amplamente reconhecida como parte do futuro inevitável da medicina moderna. Está a tornar-se cada vez mais importante como uma nova abordagem para monitorizar os doentes fora dos hospitais (em casa) para promover a segurança pública, facilitar o diagnóstico e o tratamento precoces e aumentar a comodidade.

## 2.2. DESCRIÇÃO DO PROJECTO E CARACTERÍSTICAS PRINCIPAIS

Nos últimos anos, o desenvolvimento explosivo, o crescimento e a utilização dos telemóveis inteligentes e da Internet alteraram drasticamente o modo como o mundo comunica, joga e faz negócios. O número de agregados familiares ligados à Internet aumentou mais de 250% nos últimos 5 anos e as tecnologias electrónicas estão agora profundamente integradas em todos os aspectos da nossa vida quotidiana [2].

O acesso à Internet através de smartphones e a utilização de dispositivos integrados dão aos doentes mais controlo sobre os seus próprios cuidados. Estas ferramentas e produtos não só são mais cómodos para os doentes, como também podem reduzir os custos e fornecer aos médicos informações sobre os doentes de forma mais rápida e eficiente. Os smartphones, computadores portáteis e tablets estão a ser utilizados nos hospitais para permitir que os médicos se sincronizem com a rede das instalações e fora dos hospitais para permitir que os doentes monitorizem os sinais vitais.

e transmitir essas informações aos seus médicos. Dadas as grandes quantidades de dados que têm de ser armazenados, muitas organizações estão a procurar soluções de armazenamento na nuvem para armazenar informações sem incorrer em custos excessivos de hardware.

**O sistema de monitorização da saúde em linha com base num smartphone** é um sistema de monitorização da saúde rentável que capta e monitoriza vários parâmetros do corpo humano, como o ECG, o fluxo de ar e a temperatura, utilizando um smartphone e uma placa de sensores de saúde em linha, permitindo aos médicos avaliar, diagnosticar e tratar os doentes à distância, utilizando a mais recente tecnologia incorporada e de telecomunicações. A placa de sensores eHealth inclui todos os circuitos necessários para recolher os dados brutos dos sensores e encaminha os dados brutos para o microcontrolador (Arduino Mega2560) para posterior preparação e processamento. Os dados processados são armazenados num servidor central para que possam ser acedidos a partir de qualquer lugar através da Internet.

***A Figura 1*** apresenta um diagrama de blocos que mostra o fluxo de dados e as funções do projeto.

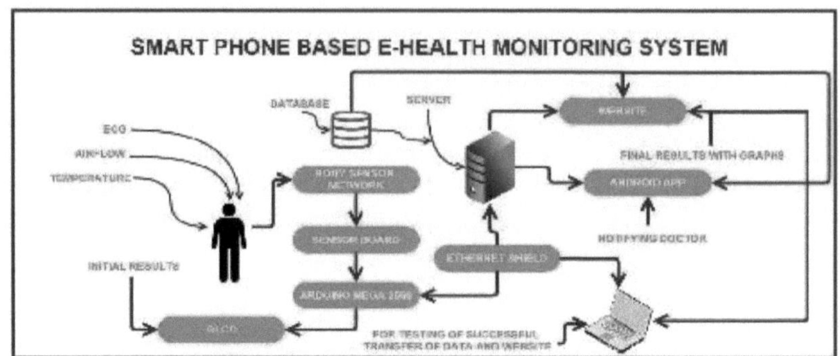


*FIGURA 1: DIAGRAMA DE BLOCOS*

***A figura 1*** mostra o diagrama de blocos do projeto.

## 2.3. ÂMBITO, OBJECTIVOS, ESPECIFICAÇÕES E RESULTADOS

### 2.3.1. ÂMBITO DE APLICAÇÃO

No passado, o conceito de telemedicina era estranho para nós e nunca poderíamos imaginar que algo assim viesse a acontecer um dia. No entanto, com os avanços tecnológicos, este conceito ganhou força. A utilização de vários sistemas de telecomunicações por instituições médicas e médicos para prestar cuidados de saúde aos seus doentes deixa-nos maravilhados com a forma como a tecnologia pode mudar as nossas vidas para melhor.

Este projeto apoiará o pessoal de enfermagem no tratamento de doentes à distância e no registo e transmissão de dados médicos. Os métodos mais comuns incluem a Internet, o satélite e as linhas telefónicas normais. Este projeto beneficiará não só as áreas mencionadas, mas também áreas como a radiologia, a psiquiatria, a cardiologia e a oncologia.

### 2.3.2. OBJECTIVOS

O principal objetivo deste projeto é aliviar os problemas dos cuidados de saúde primários. Este projeto visa desenvolver um sistema de monitorização da saúde altamente rentável que responda às necessidades das pessoas em zonas remotas. Reduzirá a burocracia e o tempo de funcionamento. O projeto permitirá obter precisão, fiabilidade e eficiência operacional.

### 2.3.3. ESPECIFICAÇÕES

O projeto tem as seguintes especificações

Os dados biométricos são captados através de uma rede com fios e transmitidos ao servidor.

- Os dados no servidor podem ser acedidos a partir de qualquer lugar.

- Trata-se de um sistema de controlo em tempo real.
- Este projeto será capaz de armazenar os dados.
- Gráficos em tempo real. GUI de fácil utilização.

### 2.3.4. DISPONIBILIDADE

O produto final deste projeto é constituído por três sensores, nomeadamente sensores de ECG, de temperatura e de fluxo de ar. Estes sensores medem os parâmetros relevantes do doente e fornecem um resultado pormenorizado. Este resultado é armazenado no servidor e pode ser acedido tanto pelo doente como pelo médico através de um sítio Web. O sítio Web contém gráficos em tempo real criados a partir dos dados do doente. O âmbito do fornecimento inclui também uma aplicação para Android que notifica o médico em caso de desvio do comportamento normal do doente.

# 3. ESTUDO DE BASE / REVISÃO DA LITERATURA

## 3.1. ESTUDO DE FUNDO

Há mais de 30 anos que médicos, investigadores no domínio dos cuidados de saúde e outros têm vindo a explorar a utilização das modernas tecnologias de telecomunicações e informáticas para melhorar os cuidados de saúde. Na intersecção de muitos destes esforços está a telemedicina - uma combinação de tecnologias de informação tradicionais e inovadoras. De acordo com esta definição, a telemedicina é a utilização de tecnologias electrónicas de informação e comunicação para prestar e apoiar cuidados de saúde quando os participantes estão separados pela distância. A telemedicina é a utilização de tecnologias de telecomunicações para prestar serviços de saúde a doentes que estão geograficamente separados de um médico ou de outro prestador de cuidados de saúde.

Os serviços organizados de telemedicina são oferecidos na Faculdade de Medicina da Universidade do Arizona desde 1979 pelo Centro de Informação sobre Venenos e Drogas do Arizona, que trata de 70 000 pedidos de informação de doentes por ano. O Arizona

O Serviço de Recursos para Médicos do Centro de Ciências da Saúde foi fundado em 1990 e

oferece atualmente consultas especializadas a médicos de todo o país. No ano passado, foram efectuadas 11 000 consultas. A telepatologia é oferecida em

Arizona, México e China desde 1993, e vários outros prestadores de cuidados de saúde no Arizona têm programas activos de telemedicina [3].

A nova era tecnológica melhorou o nível de vida e alterou profundamente os estilos de vida. O mundo tornou-se uma aldeia global e a transferência de informação de um sítio para outro é extremamente fácil. O acesso aos telemóveis aumentou incrivelmente nos últimos anos, mas não podemos limitar a utilização dos telemóveis à conversação quotidiana através de mensagens e chamadas. Pelo contrário, também podem ser utilizados para outros fins diversos e úteis. A tecnologia da telemedicina através dos telemóveis é uma delas [4].

Os sistemas convencionais de telemedicina que utilizam linhas fixas na rede telefónica pública comutada (PSTN) já estão disponíveis para permitir que um médico monitorize um doente à distância durante os cuidados domiciliários ou em situações de emergência. O telemóvel foi também reconhecido como um instrumento potencial para a telemedicina desde que se tornou comercialmente disponível [5].

A Internet é utilizada para muitas aplicações comerciais e governamentais, e esta utilização está a aumentar constantemente. A nossa motivação para utilizar o smartphone é ter acesso fácil à Internet. A Internet não só fornece uma via de transmissão alternativa num sistema de comunicação, como pode, por vezes, ser a opção mais eficiente. Com a tecnologia correta, as organizações de cuidados de saúde podem reduzir significativamente os seus custos operacionais utilizando estes serviços. Ao efetuar o acompanhamento à distância, os consultórios médicos podem controlar melhor os seus horários, salas de espera e visitas.

## 3.2. REVISÃO DA LITERATURA

Existem muitos sistemas de monitorização e controlo remoto concebidos como produtos comerciais ou plataformas de investigação experimental. É de notar que a maior parte da investigação efectuada pertence às seguintes categorias:

Monitorização baseada na Internet com servidores, modems GPRS, etc., com várias abordagens.

Monitorização com redes de sensores sem fios.

Monitorização sem fios com Bluetooth, WI-FI, ZigBee e RF.

Numerosas aplicações, tais como sistemas de segurança, aplicações biomédicas, agricultura, ambiente, reservatórios, monitorização do estado das pontes, etc.

### 3.2.1. TELEMEDICINA

O prefixo "tele" vem do grego e significa "longe" ou "à distância". Por conseguinte, a palavra telemedicina significa que a medicina é prestada à distância. Uma definição mais precisa e informativa de telemedicina é a transmissão de dados médicos electrónicos de um local para outro (Telemedicine Research Centre, 1999).

A telemedicina é um ramo dos cuidados de saúde em linha que utiliza redes de comunicação ou tecnologias da informação (TI) para prestar serviços de cuidados de saúde e formação médica de um local geográfico para outro. É utilizada para ultrapassar problemas como a desigualdade de distribuição e a falta de infra-estruturas e de recursos humanos. Noutros aspectos, a telemedicina pode ser tão simples como a discussão de um caso por telefone entre dois profissionais de saúde ou tão complexa como a utilização de tecnologia de satélite e equipamento de videoconferência para realizar uma consulta em tempo real entre médicos especialistas de dois países diferentes.

### 3.2.2. CONCEITOS DE TELEMEDICINA

A telemedicina é praticada com base em dois conceitos:

- Tempo real (síncrono)
- Guardar e reencaminhar (assíncrono)

A telemedicina em tempo real (síncrona) é designada por televisão bidirecional interactiva (IATV). Noutro sentido, pode ser tão simples como uma chamada telefónica ou tão complexa como uma cirurgia robótica avançada em realidade virtual (RV) ou telecirurgia. Envolve a interação entre prestadores de cuidados/pacientes em diferentes locais, utilizando tecnologia de comunicação sob a forma de sinais audiovisuais e sem fios ou de micro-ondas. Para além da videoconferência, podem também ser ligados ao doente dispositivos sensores periféricos para apoiar o exame interativo. Pode também ser utilizado para o acompanhamento a longo prazo de doentes em cuidados domiciliários. Devido à pressão dos custos elevados, aos problemas de qualidade e de continuidade dos cuidados, à má distribuição dos médicos nas diferentes regiões geográficas e à escassez de médicos, os cuidados domiciliários à distância para os doentes crónicos e os doentes de longa duração constituem a aplicação da telemedicina que regista um crescimento mais rápido. As especialidades em que é mais frequentemente utilizada incluem a psiquiatria, a medicina interna, a reabilitação, a cardiologia, a pediatria, a obstetrícia e a ginecologia e a neurologia.

Com a tecnologia store-and-forward (assíncrona), os dados médicos (imagens, sinais biológicos) são registados e transmitidos a um especialista para consulta, avaliação ou outros fins. Não é necessária uma comunicação simultânea entre as duas pessoas em tempo real. A tele-radiologia e a tele-dermatologia são os domínios de crescimento mais rápido que utilizam este tipo de serviço. A radiologia, a patologia e a dermatologia, em particular, utilizam este mecanismo.

Como já foi referido, estas tecnologias básicas de telemedicina são utilizadas para a prestação de vários serviços de saúde, que dão origem a numerosas especialidades e que podem ser divididas, em termos gerais, nas seguintes categorias Tele-Domicílio, Cuidados de Saúde Domiciliários, Telepsiquiatria, Telerradiologia, Telemedicina Geral, Telecardiologia, Consulta de Telemedicina (Teleconsulta), Tele-Dermatologia, Telemedicina de Emergência, Tele-Patologia, Teledentária, Tele-Cirurgia, Tele-Diagnóstico, Tele-Monitorização, Tele-Enfermagem e Tele-Educação. Entre estas especialidades, a teleconsulta é uma das aplicações mais importantes, uma vez que

Utiliza as telecomunicações multimédia através de redes para consultas médicas. Podem ser utilizados telefones normais, correio eletrónico ou dispositivos de videoconferência. As consultas em tempo real utilizam a tecnologia de videoconferência e permitem a interação e a comunicação entre médicos especialistas e clientes.

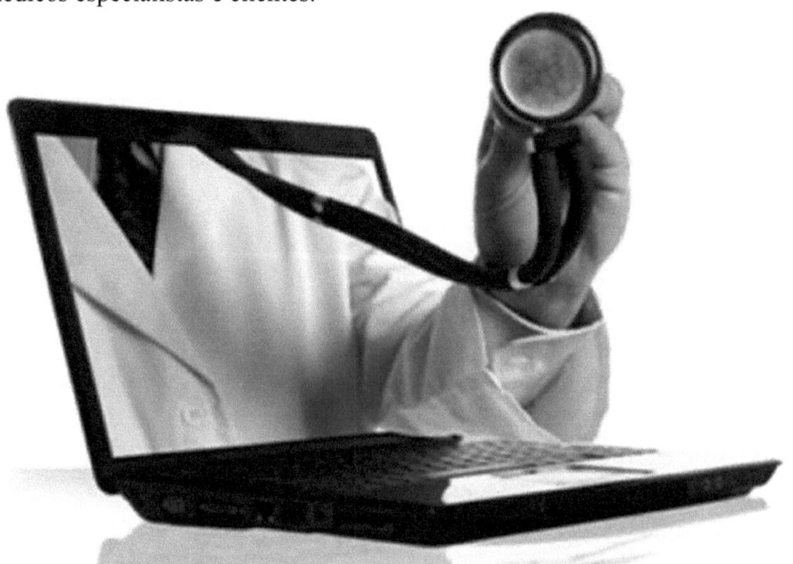

***FIGURA 2: TELEMEDICINA***

***A figura 2*** é uma visualização da telemedicina.

### 3.2.3. SITUAÇÃO ACTUAL DA TELEMEDICINA

A telemedicina é um domínio em crescimento que tem um grande potencial para melhorar o acesso aos serviços, a qualidade e a continuidade dos cuidados de saúde, bem como para permitir poupanças significativas nos custos globais dos cuidados de saúde. No entanto, a utilização de aplicações de telemedicina ainda não está tão generalizada como a de outras tecnologias comummente utilizadas, como a imagiologia médica. Embora as aplicações de telemedicina tenham aumentado significativamente nos últimos anos, a sua prevalência em termos de volume de
consultas, especialmente na Malásia. Isto não se deve ao facto de a telemedicina ser menos importante, mas sim ao facto de as tecnologias de apoio serem tradicionalmente dispendiosas, institucionalizadas, menos difundidas e menos capazes em termos de velocidade e qualidade da transmissão de dados. Para justificar o valor da telemedicina e conseguir uma utilização consistente e frequente por parte dos profissionais de saúde ou dos médicos, é necessário que estes desenvolvam aplicações tecnicamente viáveis, válidas do ponto de vista médico, reembolsáveis e apoiadas por instituições. As redes de comunicações fixas só foram desenvolvidas nos últimos anos em vários domínios da telemedicina. Um dos factores mais críticos para o sucesso de um sistema de telemedicina, tanto em zonas urbanas como rurais, é a utilização de tecnologias de comunicação modernas para a troca de informações entre o doente e o profissional de saúde que presta os cuidados.

### 3.2.4. TRABALHO EM REDE

Existem inúmeros sistemas de monitorização à distância, desde simples monitores de ritmo cardíaco e monitores de ECG até sensores implantados sofisticados e dispendiosos. Sistemas como o dispositivo Holter têm sido utilizados para registar dados de ECG, que são depois monitorizados apenas offline, o que os torna inadequados para aplicações em tempo real. Dois projectos conexos foram já desenvolvidos no âmbito do MCS, nomeadamente

"Rede de sensores médicos sem fios" e outro projeto. Estão ainda a ser feitos muitos progressos neste domínio.
As ligações seguintes contêm alguns dos avanços da telemedicina.

http://ieeexplore.ieee.org/xpl/login.jsp?tp=&arnumber=1411118&url=h ttp% 3A%2F%2Fieeexplo re.ieee.org%2Fxpls%2Fabs_all.jsp%3Farnumber%3D1411118

http://ieeexplore.ieee.org/xpl/login.jsp?tp=&arnumber=1019584&url=h ttp% 3A%2F%2Fieeexplo re.ieee.org%2Fxpls%2Fabs_all.jsp%3Farnumber%3D1019584

http://ieeexplore.ieee.org/xpl/login.jsp?tp=&arnumber=6479932&url=http%3 A%2 F%2Fieeexplo re.ieee.org%2Fxpls%2Fabs_all.jsp%3Farnumber%3D6479932

Alguns outros projectos nesta área são

http://eprints.utar.edu.my/143/

Existem ainda muitos outros projectos.

# 4. CONCEPÇÃO E DESENVOLVIMENTO

Esta secção descreve as técnicas de conceção que utilizámos para realizar este projeto. Segue-se um modelo de sistema que mostra a estrutura e as diferentes etapas do nosso projeto.

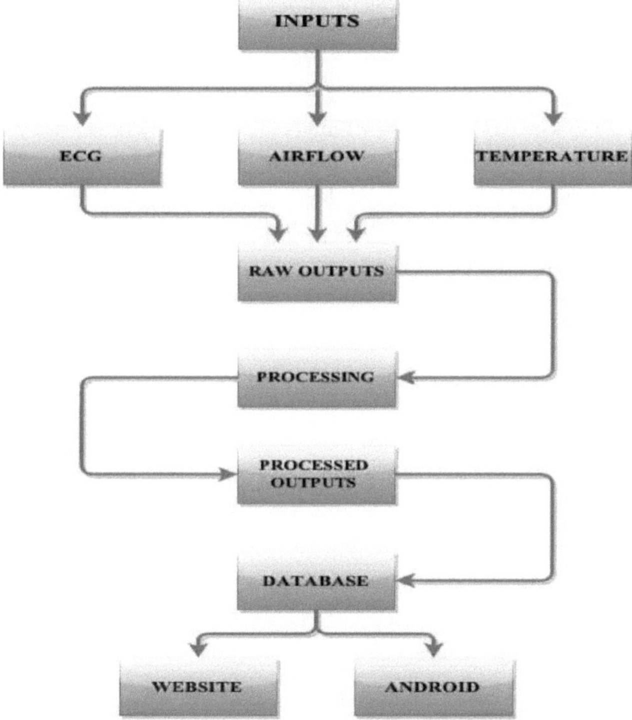


*FIGURA 3: MODELO DO SISTEMA*

***A figura 3*** mostra o modelo de sistema do nosso projeto.

As técnicas de conceção e os esquemas de cada sensor são descritos em pormenor, seguidos de um esquema completo da placa de circuito impresso do projeto.

## 4.1. ELECTROCARDIOGRAMA (EKG)

O eletrocardiograma (ECG) é o registo da atividade eléctrica do coração ao longo do tempo, utilizando eléctrodos cutâneos. Os desvios dos padrões eléctricos normais indicam várias perturbações e anomalias cardíacas.

Para manter o nosso projeto simples, utilizámos um ECG de 3 derivações e não um ECG de 5 ou 12 derivações, que são mais precisos do que o ECG de 3 derivações e são necessários na unidade de cuidados intensivos para doentes internados devido a ataques cardíacos ou outras perturbações. O ECG de 3 derivações, por outro lado, é utilizado para monitorizar a atividade cardíaca em movimento e é principalmente utilizado em monitores de transporte. O triângulo de Einthoven (***Figura 3***) é conhecido como um "ECG de três derivações", no qual são efectuadas medições em três pontos do corpo. Quando duas derivações são ligadas entre dois pontos do corpo, forma-se um vetor entre eles e a tensão eléctrica observada entre os dois eléctrodos é dada pelo produto escalar dos dois vectores. Um outro fio ligado ao corpo serve de massa para proteger o corpo humano.

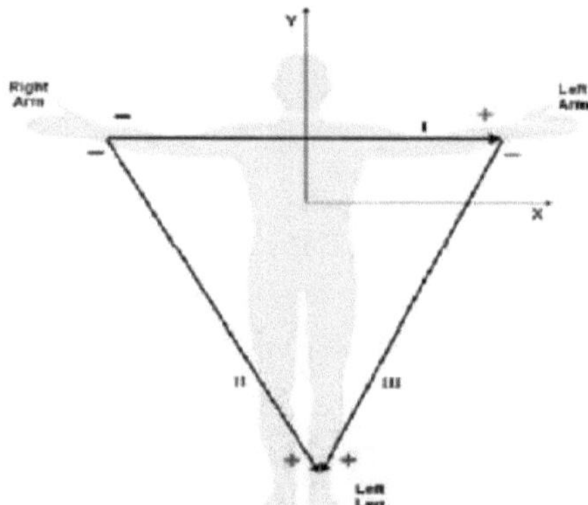


***FIGURA 4: TRIÂNGULO DE EINTHOVEN***

***A Figura 4*** mostra o ECG de 3 derivações conhecido como triângulo de Einthoven.

#### 4.1.1. SONDAS DE ECG COM 3 DERIVAÇÕES E COLOCAÇÃO

O termo "elétrodo" em eletrocardiografia causa muita confusão, pois é utilizado para duas coisas diferentes. Na linguagem comum, a palavra "elétrodo" pode ser usada para o cabo elétrico que liga os eléctrodos ao gravador de ECG. Assim, pode ser aceitável referir-se à "derivação do braço esquerdo" como o "elétrodo esquerdo". O elétrodo (e o respetivo cabo) que deve ser colocado no braço esquerdo ou perto dele. Em alternativa, a palavra derivação pode referir-se ao registo da tensão entre dois eléctrodos que é efetivamente gerada pelo gravador de ECG. Cada derivação tem um nome específico. Por exemplo, a "derivação I" é a tensão entre o elétrodo do braço direito e o elétrodo do braço esquerdo, enquanto a "derivação II" se refere à tensão entre o braço direito e a perna esquerda.

| Probe label (General) | Probe Placement |
|---|---|
| RA | On the right arm, avoid thick muscles |
| LA | On the left arm at the same location where RA is placed. |
| LL | On the left Leg , lateral calf muscle |

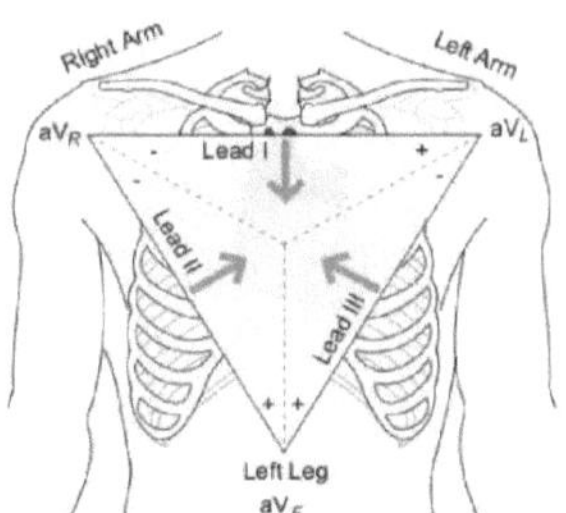


***FIGURA 5: COLOCAÇÃO DE SONDAS DE ECG COM 3 DERIVAÇÕES***

***A Figura 5 mostra*** a colocação das sondas de ECG.

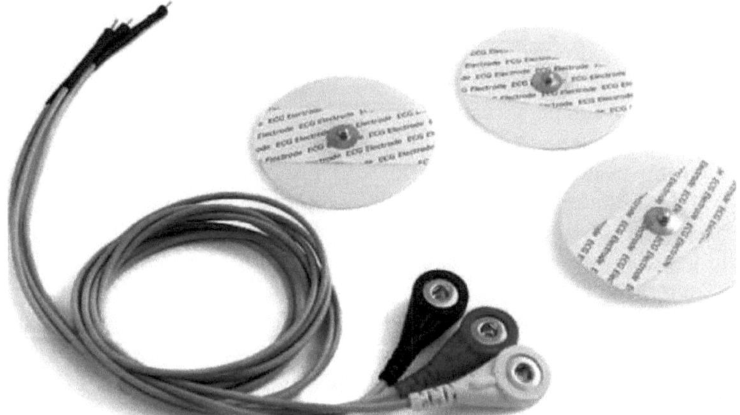

*FIGURA 6: SONDAS DE ECG COM 3 DERIVAÇÕES*

***A figura 6*** mostra as sondas de ECG.

## 4.1.2. CONCEITO DE SISTEMA DE ECG

O conceito básico do sistema ECG é:

O doente tem 3 sondas de ECG ligadas ao seu corpo.

Braço direito

Braço esquerdo

Perna esquerda

As sondas registam os dados sob a forma analógica.

O modulador de ECG AD-624 amplifica os dados captados pelas sondas e envia-os para o microcontrolador. O microcontrolador Arduino converte-os em dados digitais e, em seguida, toma as medidas necessárias conforme programado pelo programa do controlador de combustão.

Os dados do ECG são armazenados no servidor e apresentados num sítio Web em tempo real.

Se for detectada uma anomalia, o médico ou consultor recebe uma notificação no seu smartphone.

### 4.1.3. DIAGRAMA DO CIRCUITO DE ECG

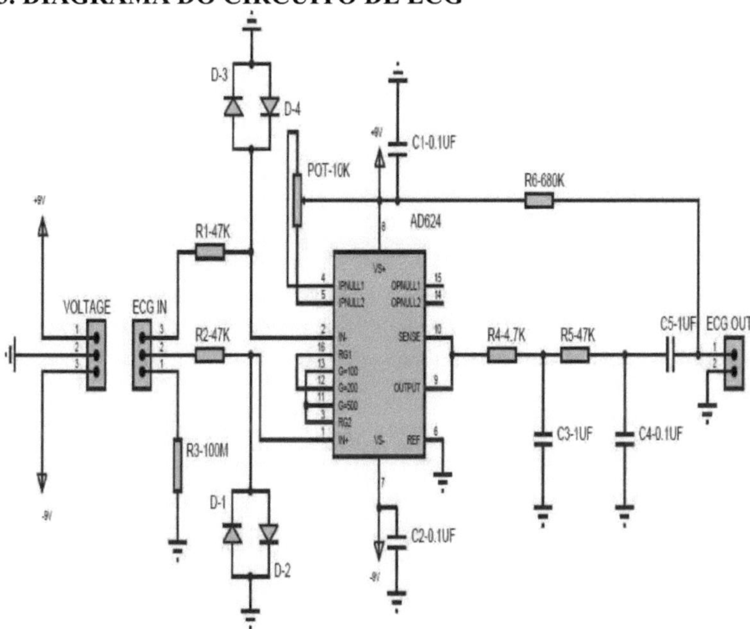


***FIGURE 7: HORÁRIO DO ELECTROCARDIOGRAMA***

***A figura** 7* apresenta um diagrama funcional de um sensor de ECG. As derivações de ECG são ligadas à ligação ECG IN. Os dados brutos das sondas de ECG são recolhidos e enviados através dos cabos para o amplificador de instrumentação AD624, onde os dados são amplificados. Os dados amplificados são enviados através de ECG OUT para o microcontrolador Arduino, onde os dados analógicos são convertidos em formato digital utilizando algumas técnicas de programação e enviados para armazenamento na base de dados através da proteção Ethernet.

## 4.2. FLUXO DE AR

A medição do fluxo de ar é utilizada em doentes com dificuldades respiratórias ou problemas respiratórios.

Existem muitas causas para os problemas respiratórios. Algumas pessoas têm dificuldades respiratórias quando estão constipadas. Outras têm problemas respiratórios devido a crises ocasionais de sinusite aguda. A sinusite pode dificultar a respiração pelo nariz durante uma ou duas semanas, até que a inflamação diminua e os seios nasais bloqueados comecem a desobstruir-se.

Muitos problemas respiratórios são crónicos ou de longa duração. Estes problemas respiratórios comuns incluem a sinusite crónica, as alergias e a asma. Estes problemas podem causar uma série de sintomas, como congestão nasal, corrimento nasal, comichão ou olhos lacrimejantes, congestão torácica, tosse, pieira, respiração difícil e respiração superficial.

Os vírus e os alergénios podem entrar nos pulmões através do nariz. O nariz e os seios nasais estão, por isso, frequentemente associados a muitas doenças pulmonares. A inflamação dos seios nasais ou das passagens nasais pode despoletar reflexos e levar a ataques de asma.

Existem várias técnicas para medir o fluxo de ar, mas a maioria delas não é exacta, por exemplo, o sensor de tensão flexível. O método que implementámos consiste em utilizar sensores de temperatura no nariz. Utilizámos um módulo DS18B20 ligado a uma narina para medir a temperatura. Neste caso, a inalação será a temperatura mais baixa.

temperatura e a expiração será a temperatura elevada. Utilizando um ADC de 9 bits, obtemos 10 amostras por segundo e este responde rapidamente às alterações [6].

### 4.2.1. CONCEITO DO SISTEMA DE FLUXO DE AR

O conceito básico do sistema Airflow é:

O paciente terá um sensor de fluxo de ar perto do nariz durante um minuto, à medida que a frequência respiratória por minuto é medida. O sensor recolherá dados sob a forma analógica. Os dados recolhidos pelo sensor serão enviados para o microcontrolador. O microcontrolador Arduino converte-os em dados digitais e, em seguida, executa as acções necessárias programadas pelo programa gravado no controlador.

Os dados do fluxo de ar são armazenados no servidor e apresentados num sítio Web em tempo real e, se for detectada uma anomalia, o médico ou consultor recebe uma notificação no seu smartphone.

### 4.2.2. DIAGRAMA DO CIRCUITO DO CAUDAL DE AR

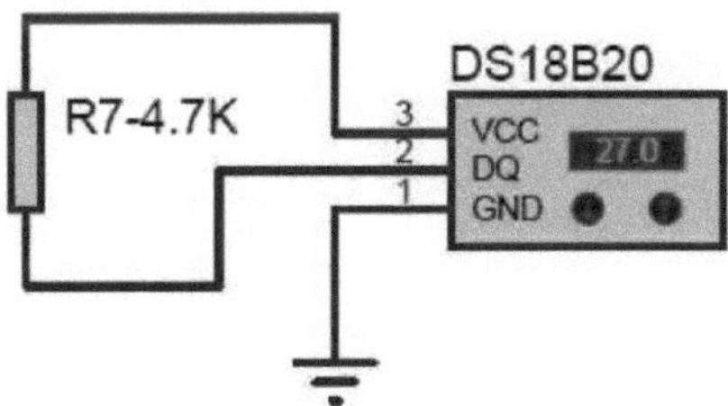


***FIGURE 8: DIAGRAMA DO FLUXO DE AR***

***A figura 8*** mostra o diagrama do circuito do sensor de caudal de ar. O DS18B20 (pino 2) é ligado ao microcontrolador Arduino no pino 3, onde os dados analógicos são convertidos em formato digital utilizando algumas técnicas de programação e enviados para armazenamento na base de dados utilizando a proteção Ethernet.

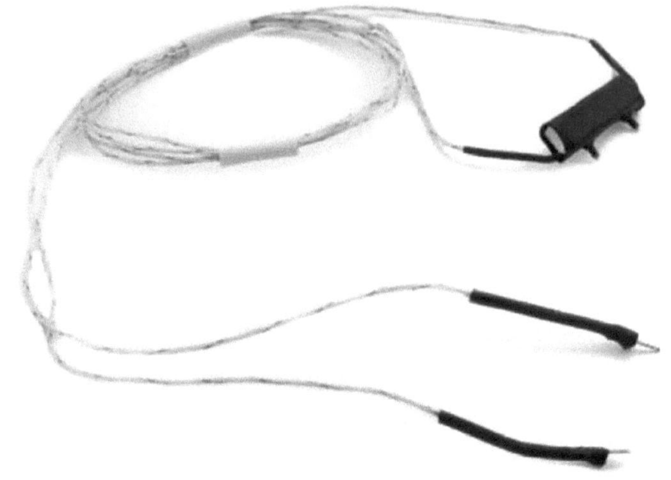

***FIGURA 9: SENSOR DE CAUDAL DE AR***

***A figura 9*** mostra o sensor de fluxo de ar.

***FIGURA 10: APLICAÇÃO DO SENSOR DE CAUDAL DE AR***

***A Figura 10*** mostra o sensor de caudal de ar ligado ao doente.

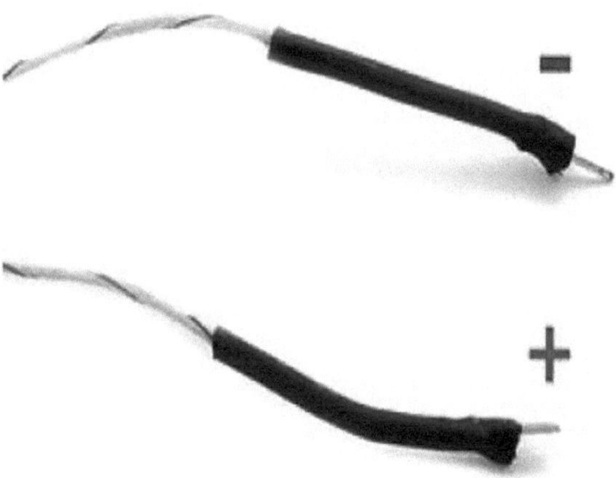


*FIGURA 11: SONDAS DOS SENSORES DE CAUDAL DE AR*

***A figura 11*** mostra as sondas do sensor de fluxo de ar.

## 4.3. TEMPERATURA

A temperatura corporal depende da parte do corpo onde é feita a medição, da hora do dia e do nível de atividade da pessoa. As diferentes partes do corpo têm temperaturas diferentes. A medição da temperatura corporal reveste-se de grande importância do ponto de vista médico. A razão para tal é que várias doenças são acompanhadas por alterações caraterísticas da temperatura corporal.

Quando utilizamos sensores de temperatura, medimos uma tensão e relacionamo-la com a temperatura de funcionamento do sensor. Se conseguirmos evitar erros nas medições de tensão e visualizar a relação entre tensão e temperatura com maior exatidão, obtemos melhores leituras de temperatura.

Um sensor de temperatura detecta a temperatura ou o calor. Um sensor de temperatura é constituído por dois tipos físicos básicos:

**Sensores de temperatura de contacto** - Estes tipos de sensores de temperatura têm de estar em contacto físico com o objeto a ser detectado e utilizam a condução térmica para monitorizar as alterações de temperatura.

temperatura. Podem ser utilizados para detetar sólidos, líquidos ou gases numa vasta gama de temperaturas.

**Sensores de temperatura sem contacto** - Estes tipos de sensores de temperatura utilizam a convecção e a radiação para monitorizar as alterações de temperatura. Podem ser utilizados para detetar líquidos e gases que emitem energia radiante à medida que o calor sobe e o frio desce para o solo através de correntes de convecção, ou podem detetar a energia radiante emitida por um objeto sob a forma de radiação infravermelha (sol).

Neste projeto, utilizamos o LM35 como sensor de temperatura.

### 4.3.1. CONCEITO DE SISTEMA DE TEMPERATURA

O conceito básico do sistema de temperatura é:

O doente recebe um sensor de temperatura que é ligado a um ponto específico do seu corpo.

O sensor recolhe dados em formato analógico.

Os dados recolhidos pelo sensor são enviados para o microcontrolador. O microcontrolador Arduino converte-os em dados digitais e, em seguida, executa as acções necessárias programadas pelo programa gravado no controlador.

Os dados de temperatura são armazenados no servidor e apresentados num sítio Web em tempo real.

Se for detectada uma anomalia, o médico ou consultor recebe uma notificação no seu smartphone.

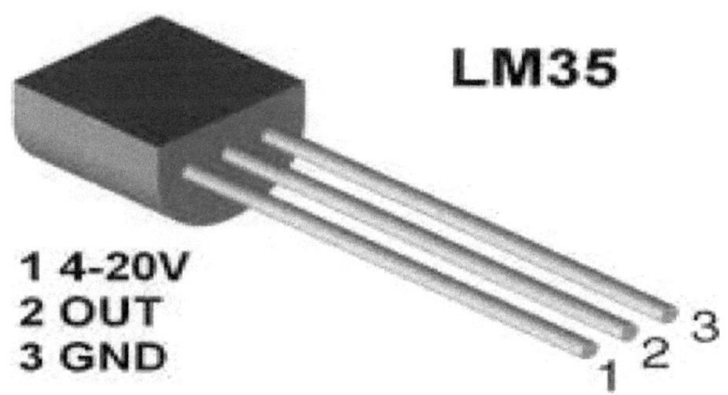


*FIGURA 12: SENSOR LM35*

***A figura 12*** mostra o sensor de temperatura.

### 4.3.2. DIAGRAMA DO CIRCUITO DE TEMPERATURA

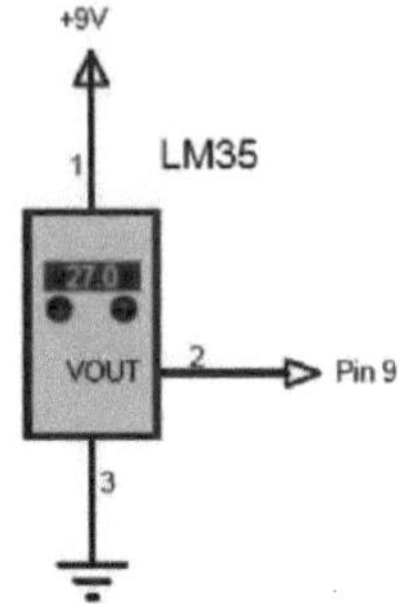


*FIGURA 13: DIAGRAMA DO CIRCUITO DE TEMPERATURA*

***A figura 13*** mostra o diagrama do circuito do sensor de temperatura. O LM35 (pino 2) é ligado ao microcontrolador Arduino no pino 9, onde os dados analógicos são convertidos em formato digital utilizando algumas técnicas de programação e enviados para armazenamento na base de dados utilizando a proteção Ethernet.

## 4.4. DIAGRAMA DO CIRCUITO DO INVERSOR

CONECTOR

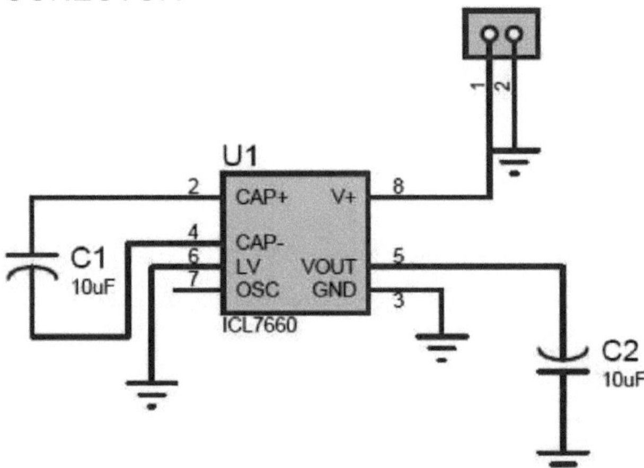


*FIGURA 14: ESQUEMA ELÉCTRICO DO INVERSOR*

***A figura 14*** mostra o diagrama de circuito de um inversor de tensão com o inversor IC 7660. Uma tensão positiva é aplicada ao pino 8 e a tensão negativa correspondente é emitida no pino 5

# 4.5. DIAGRAMA DE CIRCUITO DO GLCD COM ARDUINO (PRIMEIROS TESTES)

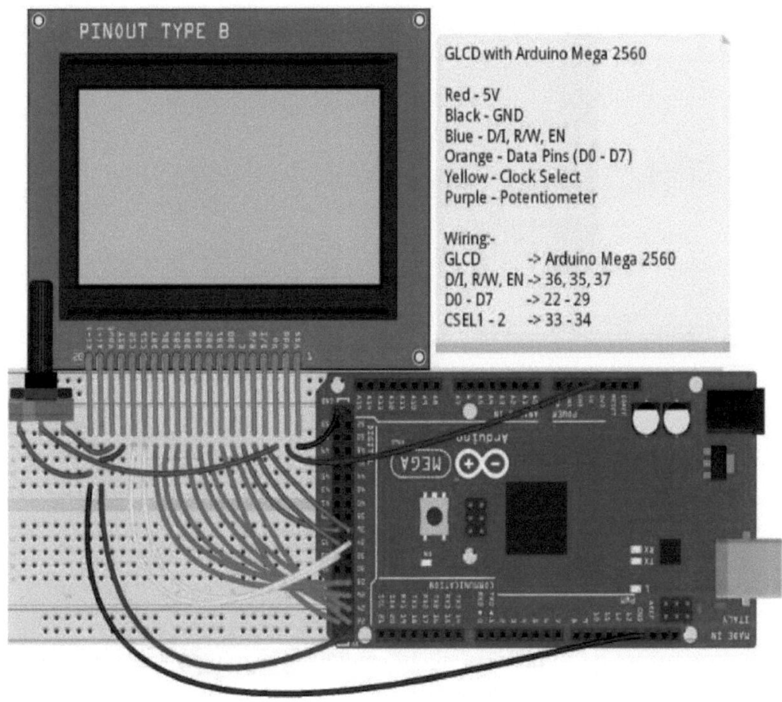


*FIGURA 15: DIAGRAMA DE CIRCUITO DO GLCD COM ARDUINO*

***A Figura 15*** mostra o circuito do GLCD com o Arduino, que foi inicialmente utilizado para apresentar os dados dos sensores.

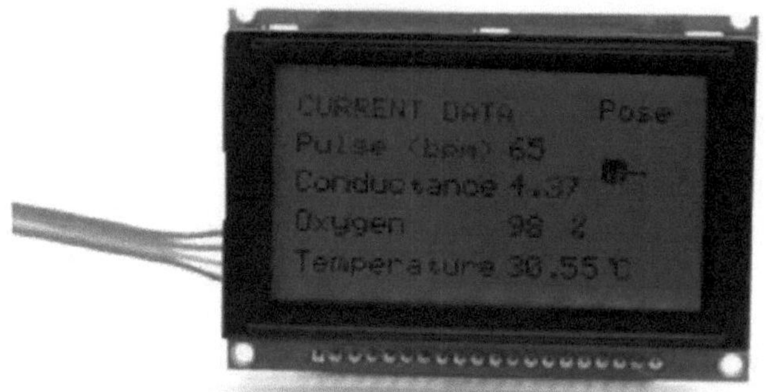


*FIGURA 16: GLCD*

***A figura 16*** mostra os resultados apresentados no GLCD

## 4.6. IMPLEMENTAÇÃO DE SOFTWARE

A parte do software foi implementada utilizando as seguintes linguagens e APIs

Para o sítio Web foram utilizados PHP, HTML/CSS3, JavaScript e a estrutura Bootstrap.

A API HighCharts é utilizada para gráficos de simulação em tempo real.

Foi utilizado Java para a aplicação Android. Escolhemos uma base de dados relacional MySQL para armazenar os dados.

## 4.7. SOFTWARES

Para a realização deste projeto, foram utilizados os seguintes programas informáticos

IDE Arduino.

Tempestade de PHP.

Android Studio.

Servidor XAMPP.

## 4.8. COMPONENTES

Os componentes mais importantes utilizados no projeto são

Arduino Mega2560.

Escudo Ethernet Arduino.

Amplificador de instrumentação AD624.

LM35.

DS18B20.

7660 Inversor IC

*FIGURA 17: ARDUINO MEGA 2560*

***A figura 17*** mostra a placa arduino mega 2560

*FIGURA 18: PROTECÇÃO ETHERNET*

***A Figura 18*** mostra a proteção Ethernet.

## 4.9. ESQUEMA DA PLACA DE CIRCUITO IMPRESSO DO PROJECTO

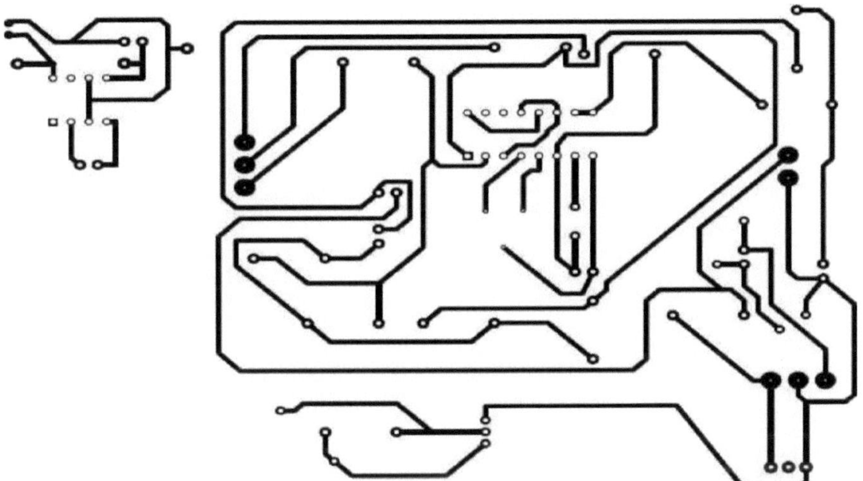

*FIGURA 19: ESQUEMA DA PLACA DE CIRCUITO DO PROJECTO*

***A Figura 19*** mostra o esquema completo da placa de circuito impresso do nosso projeto.

# 5. ANÁLISE E AVALIAÇÃO DE PROJECTOS

## 5.1. SIMULAÇÕES, RESULTADOS E GUIA

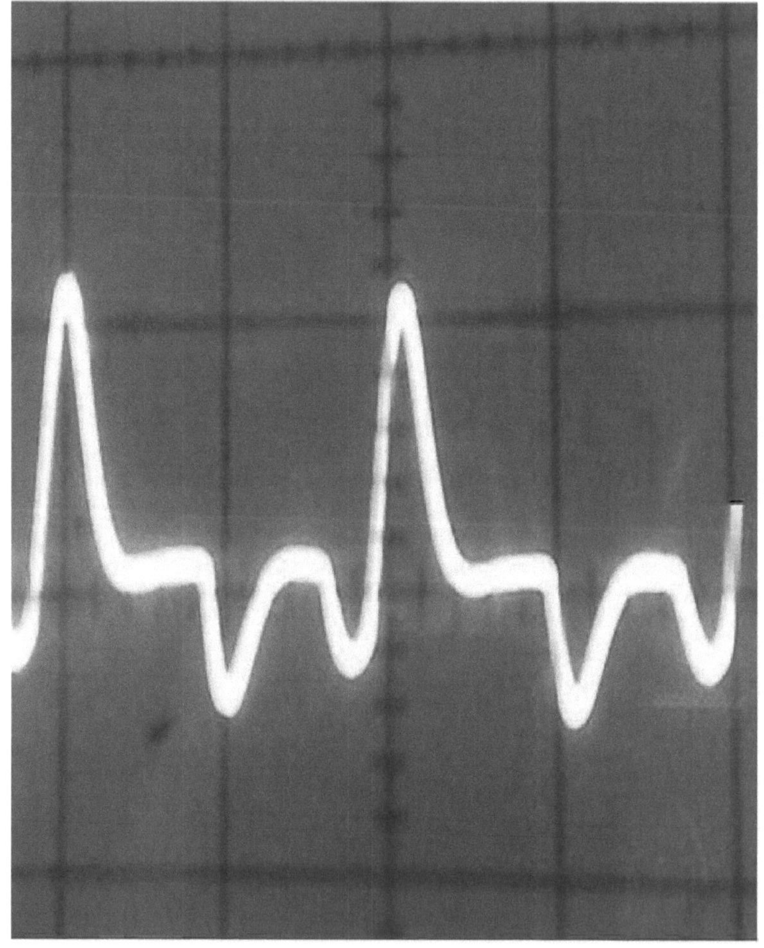

*FIGURA 20: EKG COM OSCILOSCÓPIO*

***A Figura 20 mostra*** o resultado do ECG no osciloscópio.

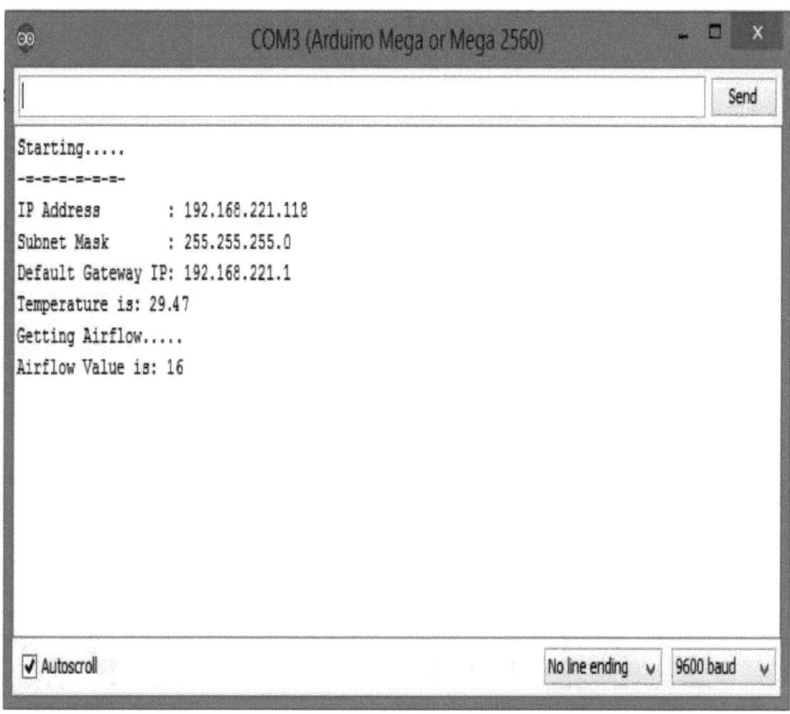


***FIGURA 21: RESULTADOS DA TEMPERATURA E DO CAUDAL DE AR***

***A Figura 21*** mostra os resultados do sensor de temperatura e de caudal de ar com o monitor de série do Arduino

IDE.

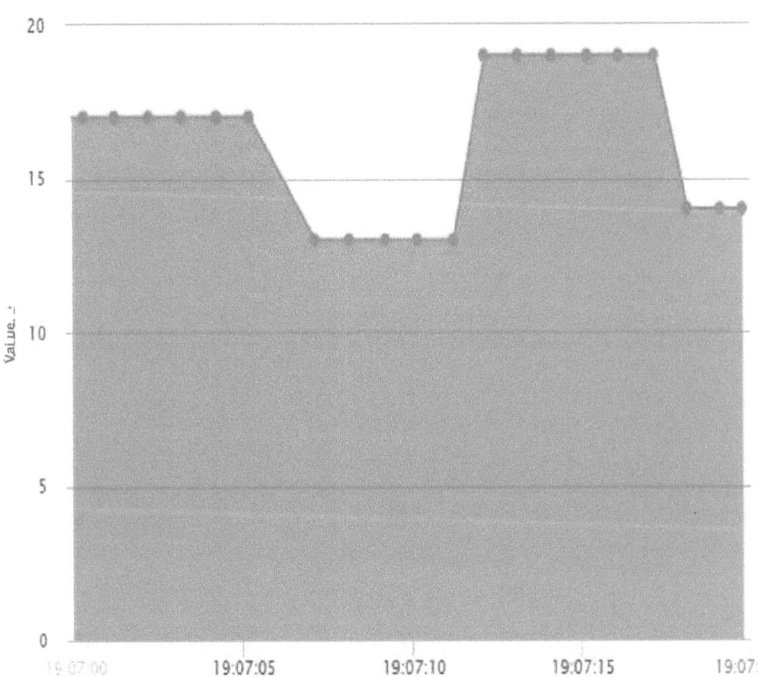


***FIGURA 22: GRÁFICO DO SENSOR DE FLUXO DE AR***

***A figura 22*** mostra o diagrama em tempo real do sensor de fluxo de ar no sítio Web.

TEMPERATURE SENSOR

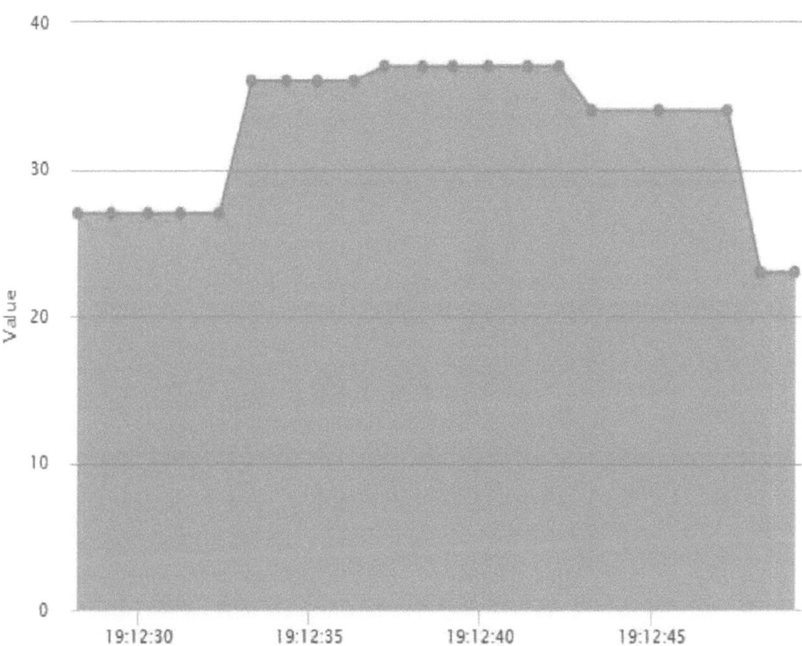


***FIGURA 23: DIAGRAMA DO SENSOR DE TEMPERATURA NO SÍTIO WEB***

***A figura 23*** mostra o diagrama em tempo real da temperatura no sítio Web.

*__FIGURA 24: BASE DE DADOS__*

***A figura 24*** mostra a base de dados em que são armazenados os dados dos sensores.

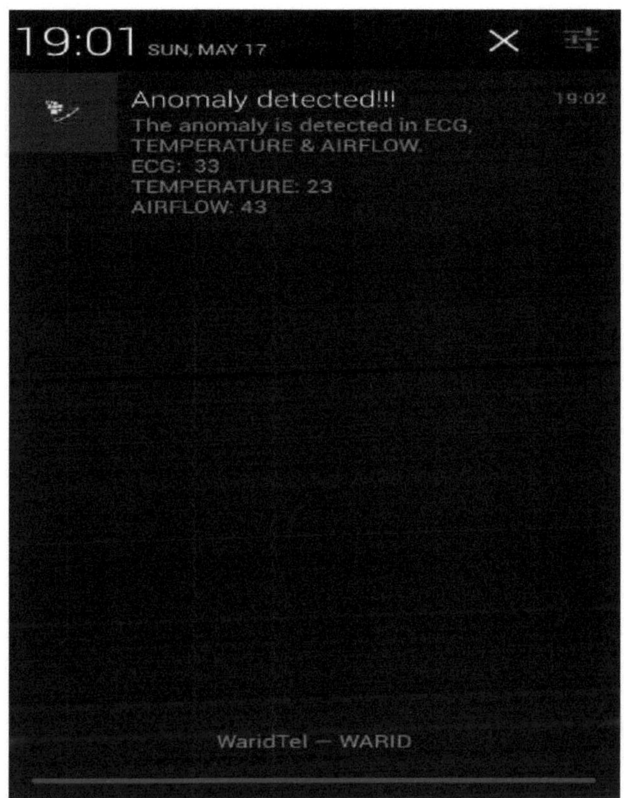


*FIGURA 25: ANOMALIA FICTÍCIA*

***A figura 25*** mostra uma pseudo-anomalia. Assim que a anomalia é detectada, o utilizador ou o médico é notificado no smartphone, desde que a aplicação de saúde eletrónica esteja instalada.

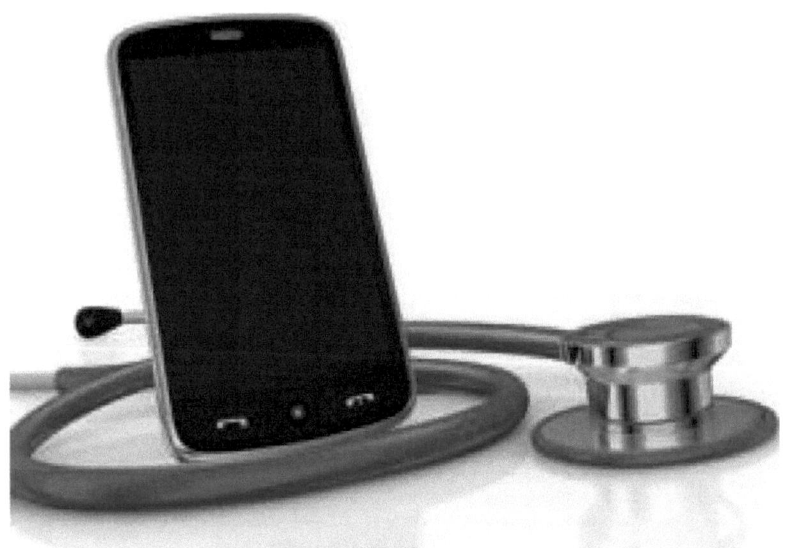

*FIGURA 26: SMARTPHONE*

*A **figura** 26* ilustra a utilização de smartphones na telemedicina.

## 5.2. ANÁLISE E AVALIAÇÃO

O projeto foi testado em algumas pessoas normais e os resultados estavam dentro dos limites do que uma pessoa normal deveria ser. No entanto, houve pequenas imprecisões devido ao ruído causado pelo ambiente e outros factores. De resto, o projeto funcionou bem e os resultados foram considerados bons.

# 6. RECOMENDAÇÕES PARA TRABALHOS FUTUROS

Este projeto é altamente expansível e não se limita a estes 3 sensores. A placa de sensores pode ser alargada a muitos sensores e pode ser utilizada por diferentes departamentos médicos.

No entanto, a precisão dos sensores pode ser melhorada no futuro. Isto pode ser conseguido eliminando o ruído que interfere com os sensores devido a factores ambientais e outros. Os custos podem ser ainda mais reduzidos e podem ser instalados mais sensores capazes de detetar doenças comuns.

Pode ser organizada uma videoconferência entre o médico e o doente.

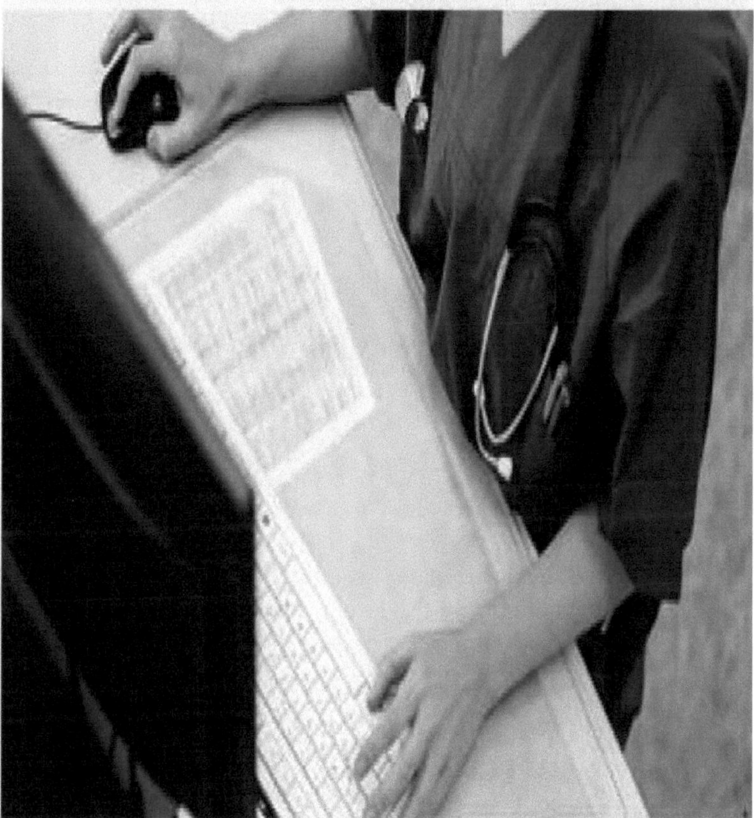

***FIGURA 27: CHAMADA DE VÍDEO***

***A Figura** 27* ilustra a utilização de um computador portátil para uma videochamada.

# 7. CONCLUSÃO

## 7.1. OBJECTIVOS

Os objectivos mais importantes eram:

Desenvolvimento de um sistema integrado inteligente e económico baseado num sistema de monitorização remota utilizando telemóveis ou dispositivos celulares.

Uma opção alternativa para o controlo da saúde é oferecida por

Uma forma rápida, cómoda e fácil.

O utilizador pode utilizá-lo de forma flexível em qualquer lugar.

Coordenação entre o doente e o conselheiro médico através de um smartphone.

Receção efectiva das notificações em caso de anomalias.

Pode monitorizá-lo você mesmo, pelo que já não tem de se deslocar ao hospital para monitorizar o ECG e não precisa de pessoal especializado.
Minimizar o risco para a saúde e o desperdício de tempo e dinheiro.

## 7.2. AMBIENTE OPERACIONAL

O ambiente operacional é composto por três unidades, um PC, um smartphone e uma unidade de controlo. O smartphone é utilizado para receber mensagens de alarme através da Internet. A unidade de controlo é constituída por um

microcontrolador, uma unidade de amplificação, uma porta USB e software de conversão.

## 7.3. UTILIZADORES PREVISTOS E UTILIZAÇÕES

O sistema foi concebido para evitar que o utilizador comum ou os doentes que pretendam monitorizar a sua saúde à distância tenham de visitar um médico no hospital. Além disso, será menos moroso e fácil de utilizar.

## 7.4. RESTRIÇÕES IMPORTANTES

Durante a realização do nosso projeto, tivemos de lidar com vários problemas e obstáculos. Nem tudo correu como planeado ou na ordem que queríamos. Tínhamos um período de tempo limitado para concluir o nosso projeto, pelo que tivemos de seguir um plano rigoroso e suportar muita pressão. Começámos com a fase de investigação, obtendo primeiro uma imagem completa do hardware e do software que queríamos utilizar no nosso projeto. A outra fase do projeto foi o desenvolvimento do código, a depuração, os testes, a documentação e a implementação, o que levou algum tempo. Para completar tudo isto dentro do prazo proposto, tivemos de gerir bem o nosso tempo, terminar o projeto e dar o nosso melhor.

## 7.5. RESTRIÇÕES

Existem certas restrições relacionadas com o projeto:

- □ O utilizador e o destinatário devem estar num local com acesso à Internet. Instalações.
- □ Apenas os médicos que tenham um smartphone com uma aplicação de saúde eletrónica instalada podem receber uma notificação.

O dispositivo só pode ser utilizado com um smartphone e um PC.

# 8. REFERÊNCIAS

[1] Who.int, 'OMS | As 10 principais causas de morte', 2015 [Em linha]. Disponível: http://www.who.int/mediacentre/factsheets/fs310/en/.

[2] Internetworldstats.com, 'World Internet Users Statistics and 2014 World PopulationStats', 2015 [Em linha]. Disponível: http://www.internetworldstats.com/stats.htm.

[3]a b c Sachpazidis, Ilias (10 de julho de 2008). Protocolos de comunicação de imagens e dados médicos para telemedicina e telerradiologia (Dissertação de doutoramento). Darmstadt, Alemanha: Departamento de Informática, Universidade Técnica de Darmstadt.

[4]Leijdekkers, P. and Gay, V. Personal Heart Monitoring System Using Smart Phones To Detect Life Threatening Arrhythmias (Sistema de Monitorização Cardíaca Pessoal Utilizando Telemóveis Inteligentes para Detetar Arritmias Ameaçadoras da Vida). Actas do 19º Simpósio IEEE sobre Sistemas Médicos Baseados em Computadores (22 - 23 de junho de 2006). (junho de 2006), 157 - 164.

[5] Dağtas, S., Pekhteryev, G., Sahinoğlu, Z., Çam, H., e Challa, N. Segurança e tempo real

monitorização da saúde sem fios. Int. J. Telemedicine Appl., 2008 (janeiro de 2008), 1-10.

[6] Forum.arduino.cc, 'Sugestões para um sensor de respiração/respiração', 2015 [Online]. Disponível: http://forum.arduino.cc/index.php?topic=1578

## Índice

Printed by Books on Demand GmbH, Norderstedt / Germany